So wird es gemacht:

Öffne das LÜK®-Lösungsgerät und lege die Plättchen in den unbedruckten Deckel! Jetzt kannst du auf den Plättchen und im Geräteboden die Zahlen **1** bis **24** sehen.

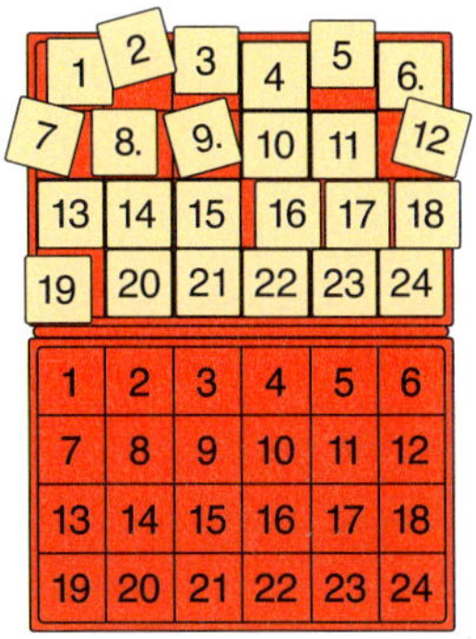

Beispiel: Seite 2
Das Einmaleins der Zehnerzahlen
Nimm ein Plättchen, z.B. das Plättchen **5** und lies Aufgabe **5** auf der linken Seite:

5 | **7 · 10** + 15 =

Löse nun die Aufgabe. Das richtige Ergebnis heißt 85. Suche nun im Geräteboden die Zahl 85. Die Zahl 85 befindet sich im Feld 13.

Lege also das Plättchen **5** auf das Feld 13 im Kontrollgerät. Die Zahl **5** soll nach oben zeigen.

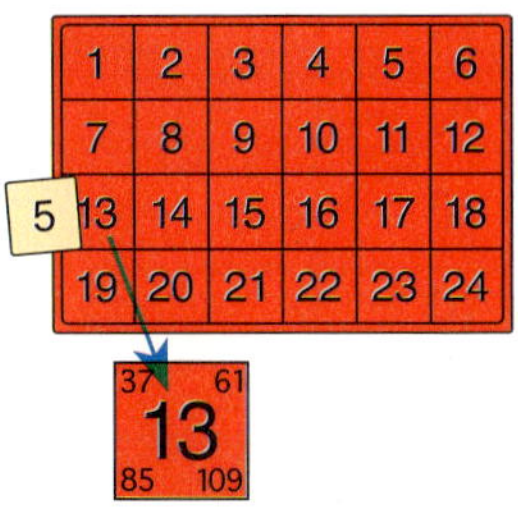

So arbeitest du weiter, bis alle Plättchen im Kontrollgerät liegen. Schließe dann das Gerät und drehe es um! Öffne es von der Rückseite! Wenn du das bei der Übungsreihe abgebildete Lösungsmuster siehst, hast du alle Aufgaben richtig gelöst.

Passen einige Plättchen nicht in das Muster, dann hast du dort Fehler gemacht. Drehe diese Plättchen da, wo sie liegen, um, schließe das Gerät, drehe es um und öffne es wieder! Jetzt kannst du sehen, welche Aufgaben du falsch gelöst hast. Nimm diese Plättchen heraus und suche die richtigen Ergebnisse!
Kontrolliere dann noch einmal!
Stimmt jetzt das Muster?

Das System ist für alle Übungen gleich: Die roten Aufgabennummern im Heft entsprechen immer den LÜK-Plättchen aus dem Lösungsgerät.

Und nun viel Spaß!

Dieses Papier wurde aus chlorfrei gebleichtem Zellstoff hergestellt

1	2 · 10 + 13 =
2	6 · 10 + 17 =
3	5 · 10 + 12 =
4	7 · 10 + 12 =
5	7 · 10 + 15 =
6	8 · 10 + 18 =
7	8 · 10 + 17 =
8	6 · 10 + 15 =
9	7 · 10 + 19 =
10	5 · 10 + 16 =
11	4 · 10 + 12 =
12	6 · 10 + 18 =
13	8 · 10 + 13 =
14	4 · 10 + 15 =
15	5 · 10 + 17 =
16	3 · 10 + 16 =
17	4 · 10 + 19 =
18	8 · 10 + 16 =
19	4 · 10 + 16 =
20	2 · 10 + 19 =
21	6 · 10 + 11 =
22	7 · 10 + 14 =
23	5 · 10 + 14 =
24	3 · 10 + 14 =

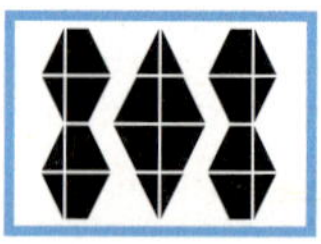

1	5 · 10 − 15 =
2	9 · 10 − 11 =
3	7 · 10 − 12 =
4	10 · 10 − 16 =
5	4 · 10 − 13 =
6	5 · 10 − 18 =
7	4 · 10 − 15 =
8	9 · 10 − 13 =
9	7 · 10 − 13 =
10	4 · 10 − 12 =
11	7 · 10 − 16 =
12	9 · 10 − 16 =
13	9 · 10 − 19 =
14	8 · 10 − 13 =
15	6 · 10 − 15 =
16	4 · 10 − 16 =
17	3 · 10 − 17 =
18	6 · 10 − 14 =
19	8 · 10 − 18 =
20	10 · 10 − 11 =
21	5 · 10 − 11 =
22	6 · 10 − 16 =
23	3 · 10 − 12 =
24	10 · 10 − 12 =

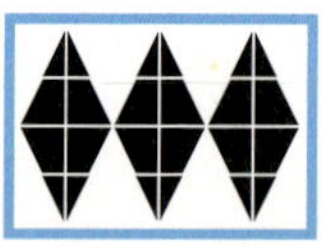

Ins Wasser steckte Hans die Hand
und klatschte sie patsch an die Wand.

Er zählt 5 + 5 + 5 + 5 = 20

Franz rechnet 4 · 5 = 20

Kannst du es wie der schlaue Franz?

1. 5 · 5 − 2 =
2. 6 · 5 + 3 =
3. 4 · 5 =
4. 5 · 5 − 1 =
5. 7 · 5 + 2 =
6. 2 · 5 =
7. 6 · 5 − 3 =
8. 8 · 5 + 1 =
9. 4 · 5 − 1 =
10. 8 · 5 − 2 =
11. 8 · 5 + 2 =
12. 5 · 5 + 3 =
13. 7 · 5 =
14. 9 · 5 =
15. 6 · 5 + 1 =
16. 3 · 5 − 3 =
17. 3 · 5 =
18. 7 · 5 − 3 =
19. 8 · 5 =
20. 5 · 5 + 4 =
21. 5 · 5 =
22. 9 · 5 + 1 =
23. 2 · 5 − 4 =
24. 10 · 5 =

Beim Kaufmann müssen wir allerlei bezahlen.

Geldstücke schneiden wir aus dünner Pappe.
Wie viel Cent sind es?

1. $9 \cdot 10\text{ ct} + 1\text{ ct} =$
2. $6 \cdot 10\text{ ct} + 7 \cdot 5\text{ ct} =$
3. $4 \cdot 10\text{ ct} - 6 \cdot 5\text{ ct} =$
4. $3 \cdot 10\text{ ct} - 2 \cdot 5\text{ ct} =$
5. $6 \cdot 10\text{ ct} + 3 \cdot 5\text{ ct} =$
6. $7 \cdot 10\text{ ct} + 2\text{ ct} =$
7. $5 \cdot 10\text{ ct} + 3 \cdot 5\text{ ct} =$
8. $7 \cdot 10\text{ ct} + 3 \cdot 5\text{ ct} =$
9. $5 \cdot 10\text{ ct} + 7\text{ ct} =$
10. $8 \cdot 10\text{ ct} + 4 \cdot 5\text{ ct} =$
11. $3 \cdot 10\text{ ct} + 8\text{ ct} =$
12. $7 \cdot 10\text{ ct} + 4 \cdot 5\text{ ct} =$
13. $7 \cdot 10\text{ ct} - 3 \cdot 5\text{ ct} =$
14. $2 \cdot 10\text{ ct} + 3 \cdot 5\text{ ct} =$
15. $3 \cdot 10\text{ ct} + 3 \cdot 5\text{ ct} =$
16. $5 \cdot 10\text{ ct} + 6 \cdot 5\text{ ct} =$
17. $2 \cdot 10\text{ ct} - 3 \cdot 5\text{ ct} =$
18. $3 \cdot 10\text{ ct} + 8 \cdot 5\text{ ct} =$
19. $2 \cdot 10\text{ ct} + 2 \cdot 5\text{ ct} =$
20. $5 \cdot 10\text{ ct} - 5 \cdot 5\text{ ct} =$
21. $3 \cdot 10\text{ ct} - 3 \cdot 5\text{ ct} =$
22. $4 \cdot 10\text{ ct} + 4 \cdot 5\text{ ct} =$
23. $4 \cdot 10\text{ ct} + 2 \cdot 5\text{ ct} =$
24. $2 \cdot 10\text{ ct} + 4 \cdot 5\text{ ct} =$

Hans sagt:

$2 + 2 + 2$

1	$8 \cdot 2 + 4 =$
2	$9 \cdot 2 + 4 =$
3	$5 \cdot 2 - 3 =$
4	$9 \cdot 2 + 3 =$
5	$5 \cdot 2 - 4 =$
6	$10 \cdot 2 + 3 =$
7	$6 \cdot 2 + 4 =$
8	$9 \cdot 2 - 4 =$
9	$4 \cdot 2 + 4 =$
10	$2 \cdot 2 - 3 =$
11	$6 \cdot 2 + 3 =$
12	$7 \cdot 2 + 3 =$
13	$6 \cdot 2 - 4 =$
14	$3 \cdot 2 + 4 =$
15	$10 \cdot 2 + 4 =$
16	$6 \cdot 2 - 3 =$
17	$4 \cdot 2 - 4 =$
18	$8 \cdot 2 + 3 =$
19	$4 \cdot 2 - 3 =$
20	$3 \cdot 2 - 4 =$
21	$7 \cdot 2 + 4 =$
22	$4 \cdot 2 + 3 =$
23	$3 \cdot 2 - 3 =$
24	$8 \cdot 2 - 3 =$

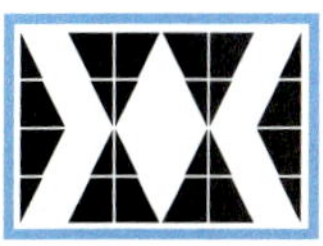

Franz rechnet:

$3 \cdot 2$

1	$8 \cdot 2 + 5 =$
2	$9 \cdot 2 - 7 =$
3	$7 \cdot 2 - 6 =$
4	$8 \cdot 2 + 6 =$
5	$4 \cdot 2 + 5 =$
6	$9 \cdot 2 + 6 =$
7	$6 \cdot 2 - 7 =$
8	$10 \cdot 2 - 5 =$
9	$7 \cdot 2 + 5 =$
10	$10 \cdot 2 + 6 =$
11	$5 \cdot 2 + 6 =$
12	$7 \cdot 2 + 4 =$
13	$7 \cdot 2 - 5 =$
14	$9 \cdot 2 + 5 =$
15	$6 \cdot 2 - 5 =$
16	$2 \cdot 2 + 6 =$
17	$10 \cdot 2 - 3 =$
18	$7 \cdot 2 + 6 =$
19	$5 \cdot 2 - 4 =$
20	$4 \cdot 2 - 5 =$
21	$10 \cdot 2 + 5 =$
22	$4 \cdot 2 + 4 =$
23	$5 \cdot 2 - 6 =$
24	$9 \cdot 2 - 4 =$

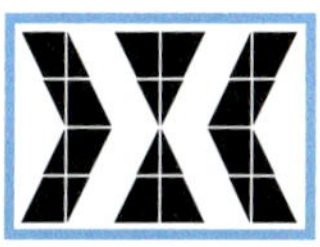

Hans sagt:	Der schlaue Franz rechnet:
3 Mäuse haben 4 + 4 + 4 Beine	3 · 4 Beine Du bist doch auch schlau?

1	6 · 4 − 1 =	1	2 · 4 + 5 =
2	9 · 4 − 1 =	2	9 · 4 + 3 =
3	6 · 4 − 2 =	3	6 · 4 − 6 =
4	5 · 4 =	4	8 · 4 + 6 =
5	10 · 4 − 1 =	5	9 · 4 − 7 =
6	8 · 4 =	6	6 · 4 − 8 =
7	2 · 4 − 1 =	7	8 · 4 − 5 =
8	10 · 4 + 3 =	8	7 · 4 − 3 =
9	5 · 4 + 1 =	9	9 · 4 + 5 =
10	4 · 4 =	10	3 · 4 − 6 =
11	6 · 4 =	11	8 · 4 − 6 =
12	9 · 4 =	12	3 · 4 − 8 =
13	9 · 4 + 1 =	13	9 · 4 + 7 =
14	6 · 4 + 1 =	14	7 · 4 − 7 =
15	8 · 4 + 1 =	15	8 · 4 − 9 =
16	5 · 4 − 2 =	16	9 · 4 + 8 =
17	7 · 4 + 1 =	17	7 · 4 + 5 =
18	8 · 4 + 2 =	18	4 · 4 + 8 =
19	7 · 4 − 2 =	19	10 · 4 − 6 =
20	4 · 4 + 1 =	20	9 · 4 − 5 =
21	2 · 4 − 5 =	21	7 · 4 + 7 =
22	8 · 4 − 2 =	22	4 · 4 + 6 =
23	9 · 4 + 2 =	23	4 · 4 − 8 =
24	7 · 4 =	24	5 · 4 − 8 =

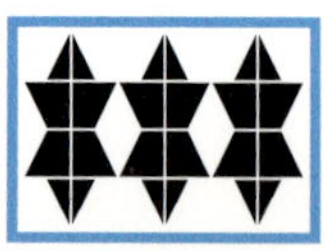

Auf dieser Seite üben wir das Einmaleins der 2 und 4

1	$2 \cdot 4 =$
2	$5 \cdot 2 =$
3	$8 \cdot 4 - 1 =$
4	$4 \cdot 2 + 1 =$
5	$3 \cdot 2 =$
6	$9 \cdot 4 - 1 =$
7	$7 \cdot 4 =$
8	$6 \cdot 4 + 2 =$
9	$6 \cdot 2 =$
10	$10 \cdot 2 + 5 =$
11	$7 \cdot 4 - 1 =$
12	$3 \cdot 2 - 1 =$
13	$5 \cdot 4 =$
14	$6 \cdot 4 - 2 =$
15	$6 \cdot 4 =$
16	$5 \cdot 4 + 1 =$
17	$4 \cdot 4 =$
18	$5 \cdot 4 - 1 =$
19	$10 \cdot 4 + 1 =$
20	$7 \cdot 2 =$
21	$5 \cdot 4 - 2 =$
22	$6 \cdot 4 - 1 =$
23	$8 \cdot 2 - 1 =$
24	$9 \cdot 4 + 1 =$

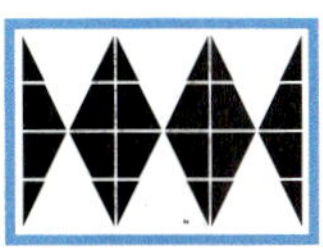

1	$9 \cdot 4 =$
2	$8 \cdot 4 =$
3	$5 \cdot 4 + 2 =$
4	$5 \cdot 2 + 1 =$
5	$7 \cdot 2 + 1 =$
6	$4 \cdot 2 - 1 =$
7	$7 \cdot 4 - 2 =$
8	$8 \cdot 4 - 2 =$
9	$5 \cdot 4 + 1 =$
10	$10 \cdot 4 =$
11	$7 \cdot 4 + 1 =$
12	$6 \cdot 4 + 1 =$
13	$6 \cdot 4 =$
14	$10 \cdot 2 =$
15	$8 \cdot 4 + 1 =$
16	$5 \cdot 4 + 3 =$
17	$3 \cdot 4 + 2 =$
18	$9 \cdot 4 - 2 =$
19	$6 \cdot 2 + 1 =$
20	$9 \cdot 2 =$
21	$2 \cdot 2 - 1 =$
22	$9 \cdot 2 + 1 =$
23	$4 \cdot 4 + 1 =$
24	$2 \cdot 2 =$

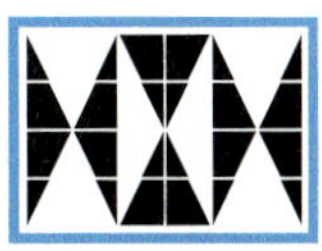

Es geht schon schneller. Sieh auf die Uhr!

1. $4 \cdot 5 + 20 =$
2. $4 \cdot 4 + 12 =$
3. $7 \cdot 10 - 15 =$
4. $6 \cdot 5 - 15 =$
5. $10 \cdot 2 + 10 =$
6. $7 \cdot 5 - 8 =$
7. $9 \cdot 5 - 19 =$
8. $7 \cdot 4 - 14 =$
9. $9 \cdot 5 + 15 =$
10. $8 \cdot 10 - 7 =$
11. $3 \cdot 10 + 11 =$
12. $9 \cdot 4 - 7 =$
13. $5 \cdot 10 + 18 =$
14. $8 \cdot 5 + 16 =$
15. $8 \cdot 10 + 16 =$
16. $9 \cdot 10 - 19 =$
17. $10 \cdot 10 - 18 =$
18. $8 \cdot 4 - 13 =$
19. $8 \cdot 2 - 7 =$
20. $7 \cdot 2 + 8 =$
21. $4 \cdot 2 + 10 =$
22. $4 \cdot 2 + 3 =$
23. $9 \cdot 2 + 3 =$
24. $9 \cdot 2 - 5 =$

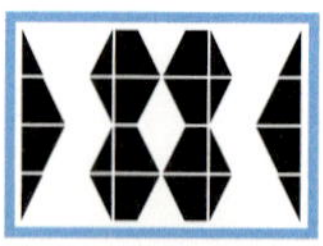

1. $9 \cdot 4 + 8 =$
2. $8 \cdot 10 - 32 =$
3. $4 \cdot 4 + 5 =$
4. $8 \cdot 2 + 3 =$
5. $6 \cdot 5 - 14 =$
6. $7 \cdot 5 + 12 =$
7. $6 \cdot 4 - 6 =$
8. $7 \cdot 4 + 10 =$
9. $3 \cdot 10 + 16 =$
10. $9 \cdot 2 - 3 =$
11. $5 \cdot 5 - 12 =$
12. $4 \cdot 2 + 9 =$
13. $5 \cdot 5 + 7 =$
14. $5 \cdot 10 - 14 =$
15. $7 \cdot 2 - 4 =$
16. $6 \cdot 2 - 5 =$
17. $7 \cdot 10 - 16 =$
18. $7 \cdot 4 + 5 =$
19. $4 \cdot 4 - 11 =$
20. $8 \cdot 5 + 10 =$
21. $9 \cdot 5 + 7 =$
22. $6 \cdot 4 + 11 =$
23. $7 \cdot 10 - 21 =$
24. $3 \cdot 5 + 12 =$

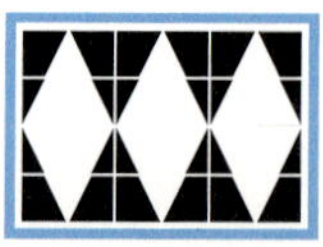

$3 + 3 + 3 + 3 = 12$

1	$3 \cdot 3 + 1 =$
2	$4 \cdot 3 =$
3	$7 \cdot 3 =$
4	$3 \cdot 3 =$
5	$6 \cdot 3 + 2 =$
6	$10 \cdot 3 + 1 =$
7	$2 \cdot 3 =$
8	$3 \cdot 3 - 1 =$
9	$8 \cdot 3 - 2 =$
10	$7 \cdot 3 + 2 =$
11	$4 \cdot 3 - 1 =$
12	$8 \cdot 3 + 1 =$
13	$9 \cdot 3 - 1 =$
14	$8 \cdot 3 =$
15	$5 \cdot 3 - 1 =$
16	$10 \cdot 3 - 1 =$
17	$6 \cdot 3 =$
18	$5 \cdot 3 + 2 =$
19	$5 \cdot 3 - 2 =$
20	$9 \cdot 3 + 1 =$
21	$6 \cdot 3 - 2 =$
22	$7 \cdot 3 - 2 =$
23	$9 \cdot 3 =$
24	$5 \cdot 3 =$

$4 \cdot 3 = 12$

1	$8 \cdot 3 - 1 =$
2	$3 \cdot 3 =$
3	$7 \cdot 3 - 1 =$
4	$4 \cdot 3 =$
5	$9 \cdot 3 - 2 =$
6	$4 \cdot 3 - 2 =$
7	$9 \cdot 3 =$
8	$5 \cdot 3 + 2 =$
9	$2 \cdot 3 + 1 =$
10	$4 \cdot 3 + 2 =$
11	$10 \cdot 3 =$
12	$2 \cdot 3 - 2 =$
13	$3 \cdot 3 + 2 =$
14	$7 \cdot 3 =$
15	$6 \cdot 3 + 1 =$
16	$8 \cdot 3 =$
17	$5 \cdot 3 =$
18	$10 \cdot 3 + 2 =$
19	$5 \cdot 3 + 1 =$
20	$9 \cdot 3 + 2 =$
21	$4 \cdot 3 + 1 =$
22	$7 \cdot 3 + 1 =$
23	$6 \cdot 3 =$
24	$8 \cdot 3 + 2 =$

Hans rechnet jetzt nicht mehr:

$6 + 6 + 6 = 18$

1	$7 \cdot 6 - 1 =$
2	$9 \cdot 6 - 1 =$
3	$10 \cdot 6 - 2 =$
4	$6 \cdot 6 + 2 =$
5	$9 \cdot 6 - 3 =$
6	$8 \cdot 6 + 2 =$
7	$8 \cdot 6 + 1 =$
8	$2 \cdot 6 + 1 =$
9	$5 \cdot 6 + 3 =$
10	$4 \cdot 6 + 4 =$
11	$3 \cdot 6 =$
12	$9 \cdot 6 =$
13	$7 \cdot 6 + 1 =$
14	$6 \cdot 6 - 5 =$
15	$7 \cdot 6 + 3 =$
16	$4 \cdot 6 =$
17	$6 \cdot 6 - 1 =$
18	$3 \cdot 6 + 4 =$
19	$9 \cdot 6 + 2 =$
20	$8 \cdot 6 - 1 =$
21	$7 \cdot 6 - 3 =$
22	$6 \cdot 6 =$
23	$4 \cdot 6 - 4 =$
24	$7 \cdot 6 - 2 =$

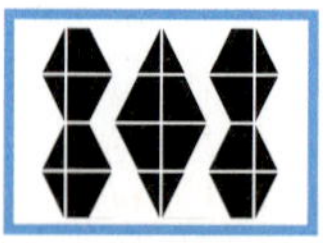

Er macht es so wie Franz:

$3 \cdot 6 = 18$

1	$6 \cdot 6 - 3 =$
2	$10 \cdot 6 + 5 =$
3	$7 \cdot 6 - 4 =$
4	$3 \cdot 6 - 8 =$
5	$5 \cdot 6 - 5 =$
6	$7 \cdot 6 =$
7	$8 \cdot 6 + 5 =$
8	$8 \cdot 6 + 3 =$
9	$3 \cdot 6 - 5 =$
10	$9 \cdot 6 - 4 =$
11	$4 \cdot 6 + 4 =$
12	$9 \cdot 6 =$
13	$5 \cdot 6 - 9 =$
14	$5 \cdot 6 - 7 =$
15	$4 \cdot 6 - 5 =$
16	$4 \cdot 6 - 2 =$
17	$7 \cdot 6 - 7 =$
18	$6 \cdot 6 + 8 =$
19	$10 \cdot 6 =$
20	$3 \cdot 6 - 3 =$
21	$2 \cdot 6 - 5 =$
22	$8 \cdot 6 =$
23	$2 \cdot 6 + 4 =$
24	$10 \cdot 6 - 4 =$

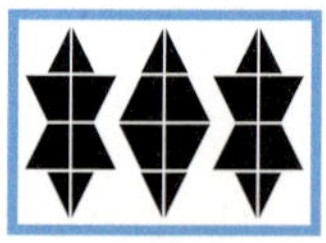

Allerlei mit 6 und 3

$6 \cdot 3 = 18$

1	$6 \cdot 6 =$
2	$6 \cdot 3 + 2 =$
3	$7 \cdot 3 + 2 =$
4	$3 \cdot 3 - 2 =$
5	$2 \cdot 3 - 2 =$
6	$3 \cdot 3 =$
7	$4 \cdot 3 + 2 =$
8	$9 \cdot 6 =$
9	$5 \cdot 6 + 4 =$
10	$4 \cdot 3 + 5 =$
11	$8 \cdot 3 + 1 =$
12	$9 \cdot 3 =$
13	$8 \cdot 6 =$
14	$3 \cdot 3 - 1 =$
15	$7 \cdot 6 + 4 =$
16	$3 \cdot 6 + 1 =$
17	$4 \cdot 6 + 2 =$
18	$10 \cdot 3 + 5 =$
19	$5 \cdot 3 =$
20	$7 \cdot 6 =$
21	$10 \cdot 6 + 4 =$
22	$7 \cdot 3 =$
23	$2 \cdot 6 + 1 =$
24	$2 \cdot 3 - 1 =$

1	$10 \cdot 3 + 1 =$
2	$4 \cdot 3 - 1 =$
3	$7 \cdot 6 - 2 =$
4	$2 \cdot 3 + 2 =$
5	$9 \cdot 3 =$
6	$6 \cdot 6 =$
7	$2 \cdot 3 - 1 =$
8	$4 \cdot 6 + 1 =$
9	$5 \cdot 3 =$
10	$9 \cdot 6 - 2 =$
11	$5 \cdot 6 - 4 =$
12	$9 \cdot 6 =$
13	$3 \cdot 6 + 1 =$
14	$8 \cdot 3 - 1 =$
15	$3 \cdot 6 + 3 =$
16	$7 \cdot 3 - 1 =$
17	$6 \cdot 3 - 1 =$
18	$8 \cdot 6 - 2 =$
19	$7 \cdot 6 =$
20	$10 \cdot 6 + 1 =$
21	$3 \cdot 3 =$
22	$8 \cdot 6 =$
23	$6 \cdot 6 + 2 =$
24	$2 \cdot 6 - 2 =$

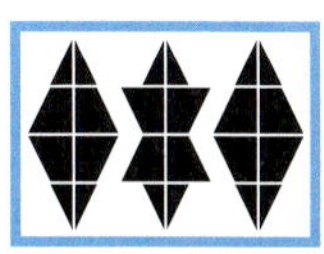

12 = 3 · 4

1	3 · 3 =
2	4 · 3 − 5 =
3	8 · 3 =
4	9 · 4 − 2 =
5	7 · 3 + 2 =
6	9 · 4 =
7	2 · 4 + 3 =
8	9 · 3 =
9	6 · 3 + 1 =
10	5 · 4 =
11	7 · 4 =
12	8 · 4 =

12 = 4 · 3

13	7 · 3 =
14	3 · 4 − 7 =
15	10 · 4 + 1 =
16	6 · 4 − 2 =
17	7 · 4 − 3 =
18	4 · 4 − 2 =
19	2 · 3 =
20	5 · 3 =
21	8 · 4 + 5 =
22	3 · 3 − 7 =
23	4 · 4 =
24	6 · 3 =

1	$9 \cdot 4 - 1 =$
2	$10 \cdot 6 - 5 =$
3	$3 \cdot 6 + 4 =$
4	$9 \cdot 4 =$
5	$3 \cdot 6 - 3 =$
6	$2 \cdot 6 - 4 =$
7	$8 \cdot 6 + 1 =$
8	$7 \cdot 4 + 1 =$
9	$8 \cdot 6 - 3 =$
10	$10 \cdot 6 + 4 =$
11	$5 \cdot 6 =$
12	$6 \cdot 4 + 2 =$
13	$7 \cdot 6 + 5 =$
14	$8 \cdot 6 - 5 =$
15	$9 \cdot 6 + 3 =$
16	$4 \cdot 6 =$
17	$4 \cdot 4 - 3 =$
18	$3 \cdot 4 - 2 =$
19	$3 \cdot 6 - 4 =$
20	$4 \cdot 6 - 7 =$
21	$9 \cdot 6 - 3 =$
22	$5 \cdot 4 =$
23	$7 \cdot 6 =$
24	$7 \cdot 4 =$

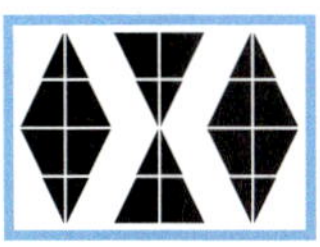

1	$8 \cdot 6 - 4 =$
2	$8 \cdot 6 =$
3	$2 \cdot 4 + 2 =$
4	$4 \cdot 6 - 5 =$
5	$7 \cdot 4 - 1 =$
6	$5 \cdot 4 + 3 =$
7	$6 \cdot 3 =$
8	$7 \cdot 6 - 4 =$
9	$9 \cdot 4 - 3 =$
10	$7 \cdot 4 =$
11	$5 \cdot 6 + 7 =$
12	$6 \cdot 6 + 5 =$
13	$8 \cdot 4 =$
14	$6 \cdot 6 =$
15	$3 \cdot 6 + 3 =$
16	$8 \cdot 4 - 1 =$
17	$9 \cdot 6 =$
18	$7 \cdot 6 + 4 =$
19	$4 \cdot 6 + 5 =$
20	$6 \cdot 4 + 2 =$
21	$6 \cdot 6 + 3 =$
22	$8 \cdot 4 + 3 =$
23	$5 \cdot 6 - 5 =$
24	$10 \cdot 4 =$

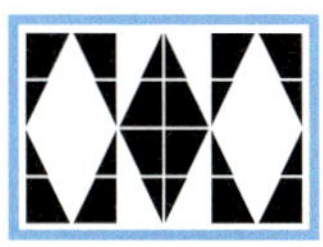

Was wir schon alles können.

1	$9 \cdot 6 + 4 \cdot 2 =$
2	$2 \cdot 5 + 9 \cdot 6 =$
3	$5 \cdot 5 - 3 \cdot 6 =$
4	$7 \cdot 2 + 5 \cdot 5 =$
5	$6 \cdot 5 - 6 \cdot 4 =$
6	$9 \cdot 3 - 5 \cdot 2 =$
7	$10 \cdot 5 + 5 \cdot 10 =$
8	$8 \cdot 6 + 10 \cdot 5 =$
9	$10 \cdot 6 + 6 \cdot 4 =$
10	$5 \cdot 5 + 6 \cdot 4 =$
11	$3 \cdot 6 - 5 \cdot 3 =$
12	$5 \cdot 10 - 7 \cdot 3 =$
13	$8 \cdot 6 - 2 \cdot 2 =$
14	$10 \cdot 4 + 5 \cdot 6 =$
15	$6 \cdot 10 + 6 \cdot 6 =$
16	$6 \cdot 6 - 5 \cdot 3 =$
17	$10 \cdot 5 + 8 \cdot 4 =$
18	$9 \cdot 3 - 2 \cdot 4 =$
19	$5 \cdot 10 + 3 \cdot 3 =$
20	$6 \cdot 3 - 2 \cdot 5 =$
21	$5 \cdot 6 - 6 \cdot 2 =$
22	$8 \cdot 10 - 3 \cdot 3 =$
23	$9 \cdot 10 - 3 \cdot 3 =$
24	$8 \cdot 5 + 7 \cdot 3 =$

1	$7 \cdot 6 + 6 \cdot 5 =$
2	$9 \cdot 6 - 2 \cdot 5 =$
3	$9 \cdot 6 + 2 \cdot 2 =$
4	$10 \cdot 5 - 9 \cdot 3 =$
5	$10 \cdot 10 - 5 \cdot 5 =$
6	$10 \cdot 4 + 9 \cdot 3 =$
7	$10 \cdot 8 - 7 \cdot 6 =$
8	$10 \cdot 3 - 3 \cdot 4 =$
9	$9 \cdot 3 + 6 \cdot 5 =$
10	$4 \cdot 10 - 2 \cdot 6 =$
11	$7 \cdot 5 + 5 \cdot 6 =$
12	$7 \cdot 3 - 4 \cdot 2 =$
13	$7 \cdot 6 - 5 \cdot 6 =$
14	$6 \cdot 6 - 2 \cdot 2 =$
15	$3 \cdot 5 + 5 \cdot 6 =$
16	$5 \cdot 10 + 3 \cdot 3 =$
17	$5 \cdot 6 - 2 \cdot 2 =$
18	$5 \cdot 6 + 4 \cdot 10 =$
19	$10 \cdot 6 - 7 \cdot 5 =$
20	$8 \cdot 6 + 3 \cdot 2 =$
21	$9 \cdot 5 + 6 \cdot 3 =$
22	$5 \cdot 6 + 5 \cdot 5 =$
23	$9 \cdot 3 + 10 \cdot 5 =$
24	$4 \cdot 6 - 2 \cdot 4 =$

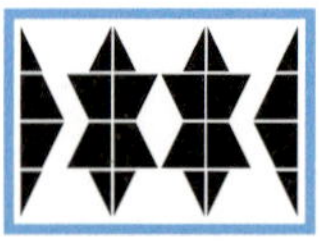

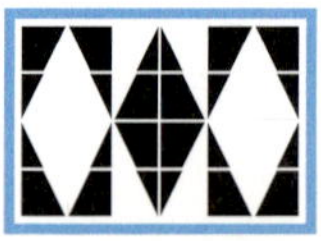

Ob das Einmaleins der 8 dir wohl viel Mühe macht?

1	$7 \cdot 8 - 9 =$
2	$9 \cdot 8 - 5 =$
3	$7 \cdot 8 + 2 =$
4	$4 \cdot 8 + 4 =$
5	$5 \cdot 8 - 7 =$
6	$6 \cdot 8 + 8 =$
7	$8 \cdot 8 - 9 =$
8	$4 \cdot 8 + 3 =$
9	$8 \cdot 8 + 5 =$
10	$10 \cdot 8 - 10 =$
11	$5 \cdot 8 + 8 =$
12	$6 \cdot 8 - 4 =$
13	$3 \cdot 8 + 5 =$
14	$5 \cdot 8 + 9 =$
15	$3 \cdot 8 + 3 =$
16	$4 \cdot 8 + 10 =$
17	$8 \cdot 8 - 3 =$
18	$7 \cdot 8 + 8 =$
19	$7 \cdot 8 - 6 =$
20	$9 \cdot 8 - 7 =$
21	$9 \cdot 8 - 9 =$
22	$6 \cdot 8 - 10 =$
23	$8 \cdot 8 - 10 =$
24	$3 \cdot 8 + 4 =$

1	$5 \cdot 8 - 5 \cdot 5 =$
2	$8 \cdot 8 + 5 \cdot 5 =$
3	$7 \cdot 8 + 6 \cdot 3 =$
4	$3 \cdot 8 - 5 \cdot 4 =$
5	$2 \cdot 8 - 3 \cdot 3 =$
6	$5 \cdot 8 + 7 \cdot 2 =$
7	$6 \cdot 8 + 7 \cdot 5 =$
8	$3 \cdot 8 - 3 \cdot 5 =$
9	$8 \cdot 8 + 7 \cdot 3 =$
10	$9 \cdot 8 + 5 \cdot 4 =$
11	$10 \cdot 8 + 7 \cdot 2 =$
12	$4 \cdot 8 - 4 \cdot 2 =$
13	$3 \cdot 8 - 7 \cdot 3 =$
14	$4 \cdot 8 - 9 \cdot 3 =$
15	$6 \cdot 8 + 5 \cdot 5 =$
16	$9 \cdot 8 + 8 \cdot 2 =$
17	$10 \cdot 8 + 5 \cdot 3 =$
18	$4 \cdot 8 - 3 \cdot 6 =$
19	$8 \cdot 8 + 5 \cdot 4 =$
20	$9 \cdot 8 + 7 \cdot 3 =$
21	$5 \cdot 8 - 7 \cdot 3 =$
22	$6 \cdot 8 - 10 \cdot 3 =$
23	$2 \cdot 8 - 2 \cdot 3 =$
24	$7 \cdot 8 + 3 \cdot 8 =$

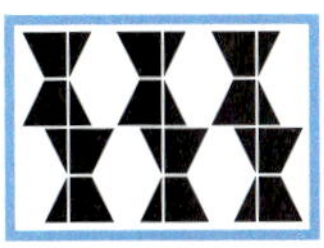

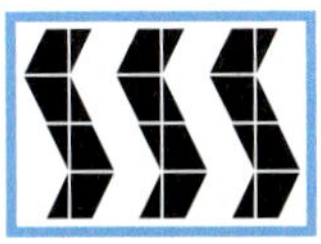

Einmaleins der 4 und der 8

1	6 · 4 − 2 =
2	7 · 8 + 4 =
3	5 · 4 + 1 =
4	8 · 4 + 3 =
5	6 · 8 + 2 =
6	7 · 4 + 3 =
7	4 · 8 − 2 =
8	5 · 8 =
9	7 · 8 =
10	9 · 4 + 3 =
11	2 · 4 − 3 =
12	6 · 4 + 1 =
13	10 · 8 + 2 =
14	9 · 8 =
15	5 · 8 + 4 =
16	6 · 8 − 1 =
17	2 · 8 + 2 =
18	7 · 8 + 1 =
19	8 · 8 − 3 =
20	7 · 4 =
21	4 · 8 + 6 =
22	3 · 4 + 7 =
23	4 · 4 + 1 =
24	3 · 8 + 3 =

1	4 · 4 + 3 =
2	2 · 8 − 1 =
3	6 · 8 =
4	4 · 8 =
5	· 8 = 40
6	10 · 4 =
7	· 8 = 24
8	8 · 8 − 3 =
9	7 · 8 + 3 =
10	9 · 8 − 6 =
11	· 8 = 16
12	7 · 4 =
13	9 · 8 + 7 =
14	6 · 8 − 3 =
15	6 · 4 − = 1
16	5 · 4 =
17	· 8 = 72
18	9 · 4 =
19	3 · 4 − = 2
20	6 · 8 + = 49
21	5 · 4 − = 3
22	8 · 4 − 10 =
23	7 · 8 + 6 =
24	· 4 = 24

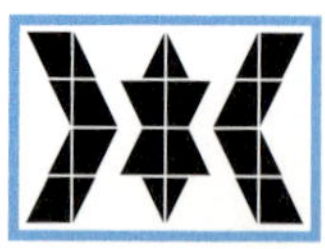

Das Einmaleins der 9

1. $3 \cdot 9 + 6 =$
2. $7 \cdot 9 - 8 =$
3. $6 \cdot 9 - 6 =$
4. $3 \cdot 9 + 7 =$
5. $4 \cdot 9 + 5 =$
6. $7 \cdot 9 - 3 =$
7. $4 \cdot 9 - 7 =$
8. $2 \cdot 9 + 9 =$
9. $8 \cdot 9 - 5 =$
10. $5 \cdot 9 - 7 =$
11. $2 \cdot 9 + 10 =$
12. $6 \cdot 9 - 4 =$
13. $7 \cdot 9 + 6 =$
14. $9 \cdot 9 + 2 =$
15. $6 \cdot 9 - 7 =$
16. $8 \cdot 9 - 2 =$
17. $6 \cdot 9 - 5 =$
18. $8 \cdot 9 - 4 =$
19. $5 \cdot 9 + 9 =$
20. $8 \cdot 9 - 9 =$
21. $5 \cdot 9 - 8 =$
22. $3 \cdot 9 + 5 =$
23. $4 \cdot 9 + 4 =$
24. $7 \cdot 9 + 3 =$

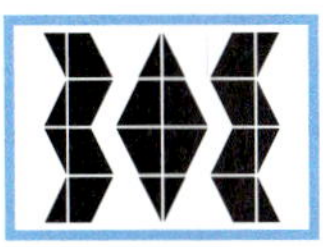

1. $4 \cdot 9 - 3 \cdot 9 =$
2. $9 \cdot 9 + 2 \cdot 4 =$
3. $6 \cdot 9 - 8 \cdot 5 =$
4. $8 \cdot 9 + 5 \cdot 2 =$
5. $8 \cdot 9 + 5 \cdot 5 =$
6. $4 \cdot 9 - 3 \cdot 6 =$
7. $5 \cdot 9 - 8 \cdot 5 =$
8. $7 \cdot 9 - 10 \cdot 6 =$
9. $7 \cdot 9 - 5 \cdot 10 =$
10. $3 \cdot 9 - 5 \cdot 5 =$
11. $4 \cdot 9 - 4 \cdot 8 =$
12. $6 \cdot 9 + 4 \cdot 6 =$
13. $9 \cdot 9 + 4 \cdot 3 =$
14. $5 \cdot 9 + 10 \cdot 5 =$
15. $3 \cdot 9 + 8 \cdot 8 =$
16. $2 \cdot 9 + 2 \cdot 2 =$
17. $3 \cdot 9 - 2 \cdot 8 =$
18. $10 \cdot 9 - 7 \cdot 10 =$
19. $10 \cdot 9 - 3 \cdot 2 =$
20. $6 \cdot 9 + 3 \cdot 3 =$
21. $7 \cdot 9 + 4 \cdot 4 =$
22. $8 \cdot 9 + 6 \cdot 4 =$
23. $2 \cdot 9 + 10 \cdot 7 =$
24. $2 \cdot 9 - 5 \cdot 2 =$

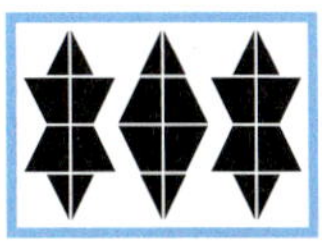

Übung macht den Meister

1	10 · 9 − 2 =
2	5 · 9 + 7 =
3	9 · 9 − 2 =
4	4 · 9 + 3 =
5	3 · 9 + 3 =
6	8 · 9 + 3 =
7	6 · 9 − 4 =
8	6 · 9 + 8 =
9	9 · 9 + 3 =
10	5 · 9 + 4 =
11	8 · 9 − 7 =
12	8 · 9 + 5 =
13	7 · 9 + 5 =
14	7 · 9 − 7 =
15	3 · 9 − 3 =
16	10 · 9 + 5 =
17	7 · 9 − 5 =
18	4 · 9 + 7 =
19	2 · 9 − 9 =
20	8 · 9 − 2 =
21	5 · 9 − 3 =
22	7 · 9 − 4 =
23	3 · 9 − 6 =
24	9 · 9 + 4 =

1	4 · 9 − 3 =
2	3 · 9 − 2 =
3	9 · 9 + 9 =
4	6 · 9 + 4 =
5	8 · 9 − 7 =
6	4 · 9 − 6 =
7	8 · 9 + 5 =
8	6 · 9 − 3 =
9	9 · 9 + 4 =
10	2 · 9 − 4 =
11	5 · 9 + 7 =
12	8 · 9 + 2 =
13	7 · 9 + 6 =
14	4 · 9 − 1 =
15	8 · 9 − 1 =
16	3 · 9 − 5 =
17	6 · 9 + 1 =
18	2 · 9 + 2 =
19	7 · 9 − 3 =
20	5 · 9 − 6 =
21	4 · 9 + 7 =
22	9 · 9 − 1 =
23	7 · 9 + 1 =
24	6 · 9 − 6 =

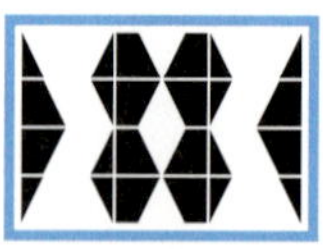

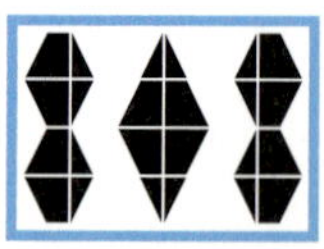

Einmaleins der 3 und der 9

In wie viel Minuten schaffst du eine Reihe?

1	$6 \cdot 9 + 3 =$
2	$7 \cdot 9 - 8 =$
3	$4 \cdot 3 =$
4	$9 \cdot 9 + 1 =$
5	$5 \cdot 3 + 2 =$
6	$6 \cdot 3 + 2 =$
7	$5 \cdot 9 + 4 =$
8	$8 \cdot 3 + 3 =$
9	$7 \cdot 3 + 2 =$
10	$8 \cdot 9 + 6 =$
11	$9 \cdot 3 + 1 =$
12	$4 \cdot 9 + 2 =$
13	$10 \cdot 9 + 3 =$
14	$2 \cdot 9 + 1 =$
15	$3 \cdot 3 + 2 =$
16	$8 \cdot 9 - 2 =$
17	$4 \cdot 9 + 1 =$
18	$8 \cdot 3 =$
19	$8 \cdot 3 + 2 =$
20	$9 \cdot 9 + 6 =$
21	$3 \cdot 9 + 2 =$
22	$2 \cdot 3 + 2 =$
23	$7 \cdot 9 + 1 =$
24	$5 \cdot 9 - 3 =$

1	$50 - 3 \cdot 9 =$
2	$40 - 7 \cdot 3 =$
3	$90 - 9 \cdot 9 =$
4	$60 - 4 \cdot 9 =$
5	$100 - 8 \cdot 9 =$
6	$50 - 10 \cdot 3 =$
7	$40 - 9 \cdot 3 =$
8	$80 - 7 \cdot 9 =$
9	$100 - 10 \cdot 9 =$
10	$90 - 5 \cdot 3 =$
11	$30 - 4 \cdot 3 =$
12	$80 - 2 \cdot 9 =$
13	$80 - 5 \cdot 9 =$
14	$40 - 3 \cdot 3 =$
15	$100 - 6 \cdot 9 =$
16	$60 - 8 \cdot 3 =$
17	$100 - 3 \cdot 9 =$
18	$90 - 7 \cdot 3 =$
19	$80 - 2 \cdot 3 =$
20	$50 - 5 \cdot 9 =$
21	$70 - 6 \cdot 9 =$
22	$50 - 6 \cdot 3 =$
23	$90 - 4 \cdot 3 =$
24	$90 - 9 \cdot 3 =$

Das Einmaleins der 7

1	10 · 7 − 2 =
2	4 · 7 − 4 =
3	3 · 7 =
4	9 · 7 + 4 =
5	9 · 7 + 1 =
6	7 · 7 − 2 =
7	6 · 7 =
8	4 · 7 + 10 =
9	4 · 7 − 6 =
10	3 · 7 − 6 =
11	6 · 7 − 5 =
12	2 · 7 + 3 =
13	2 · 7 − 6 =
14	6 · 7 − 6 =
15	8 · 7 + 2 =
16	5 · 7 − 4 =
17	4 · 7 + 2 =
18	9 · 7 − 6 =
19	7 · 7 + 4 =
20	7 · 7 + 1 =
21	8 · 7 − 4 =
22	5 · 7 =
23	3 · 7 + 4 =
24	8 · 7 − 5 =

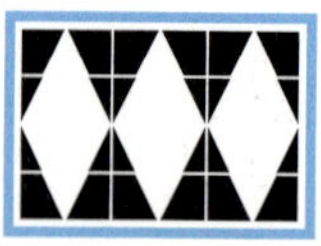

1	8 · 7 − 10 =
2	3 · 7 − 9 =
3	5 · 7 + 10 =
4	9 · 7 + 8 =
5	6 · 7 − 4 =
6	7 · 7 + 6 =
7	6 · 7 − 12 =
8	10 · 7 − 6 =
9	7 · 7 − 5 =
10	7 · 7 − 10 =
11	9 · 7 + 2 =
12	5 · 7 − 10 =
13	3 · 7 − 11 =
14	2 · 7 + 10 =
15	6 · 7 − 10 =
16	9 · 7 − 4 =
17	8 · 7 + 10 =
18	4 · 7 + 5 =
19	8 · 7 + 5 =
20	6 · 7 + 10 =
21	8 · 7 − 6 =
22	2 · 7 + 5 =
23	9 · 7 − 10 =
24	2 · 7 − 11 =

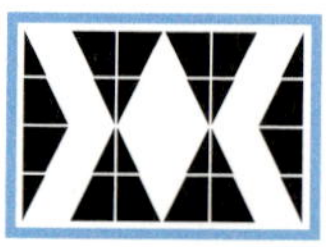

Wir verreisen Wochen und Tage

Wie viele Tage sind es?

1	9 Wochen – 3 Tage	= ?	Tage
2	8 Wochen – 4 Tage	= ?	Tage
3	9 Wochen	= ?	Tage
4	7 Wochen + 6 Tage	= ?	Tage
5	6 Wochen + 2 Tage	= ?	Tage
6	10 Wochen + 5 Tage	= ?	Tage
7	8 Wochen	= ?	Tage
8	7 Wochen + 5 Tage	= ?	Tage
9	2 Wochen + 2 Tage	= ?	Tage
10	4 Wochen – 5 Tage	= ?	Tage
11	7 Wochen	= ?	Tage
12	5 Wochen	= ?	Tage
13	3 Wochen + 3 Tage	= ?	Tage
14	4 Wochen – 2 Tage	= ?	Tage
15	2 Wochen	= ?	Tage
16	3 Wochen – 2 Tage	= ?	Tage
17	8 Wochen + 2 Tage	= ?	Tage
18	6 Wochen – 1 Tag	= ?	Tage
19	5 Wochen – 2 Tage	= ?	Tage
20	6 Wochen	= ?	Tage
21	10 Wochen	= ?	Tage
22	4 Wochen + 1 Tag	= ?	Tage
23	5 Wochen + 2 Tage	= ?	Tage
24	3 Wochen	= ?	Tage

Sonntag 18

Montag 19

Dienstag 20

Mittwoch 21

Donnerstag 22

Freitag 23

Samstag 24

Einmaleins ...

der 7 und 8

1	5 · 7 =
2	8 · 7 + 1 =
3	7 · 8 =
4	4 · 8 + 4 =
5	7 · 7 =
6	7 · 8 + 2 =
7	10 · 8 − 5 =
8	5 · 7 − 6 =
9	4 · 7 + 3 =
10	3 · 8 + 2 =
11	4 · 8 − 2 =
12	4 · 7 =
13	3 · 8 − 1 =
14	3 · 7 =
15	5 · 8 + 3 =
16	9 · 8 =
17	9 · 7 =
18	6 · 8 − 4 =
19	8 · 8 =
20	2 · 8 + 1 =
21	5 · 7 + 2 =
22	10 · 7 =
23	6 · 7 =
24	2 · 7 =

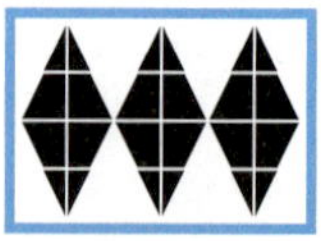

der 7 und 9

1	2 · 9 + 1 =
2	10 · 7 + 1 =
3	5 · 9 + 1 =
4	10 · 9 + 2 =
5	9 · 7 =
6	8 · 9 =
7	7 · 9 + 2 =
8	5 · 7 + 2 =
9	3 · 7 =
10	5 · 8 =
11	2 · 7 =
12	6 · 7 =
13	7 · 7 + 6 =
14	5 · 7 =
15	9 · 9 =
16	8 · 7 =
17	9 · 9 − 4 =
18	7 · 9 − 5 =
19	6 · 9 =
20	7 · 7 =
21	3 · 9 =
22	4 · 9 =
23	8 · 9 + 2 =
24	4 · 7 =

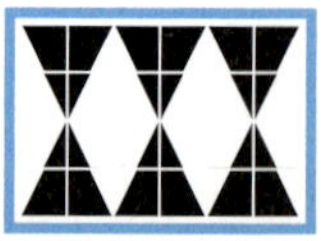

Einmaleins ...

der 8 und 9

1	$2 \cdot 8 + 1 =$
2	$3 \cdot 8 + 1 =$
3	$3 \cdot 9 + 7 =$
4	$6 \cdot 9 =$
5	$3 \cdot 9 =$
6	$5 \cdot 8 - 2 =$
7	$4 \cdot 8 - 1 =$
8	$3 \cdot 8 - 1 =$
9	$9 \cdot 9 =$
10	$4 \cdot 9 - 8 =$
11	$4 \cdot 9 =$
12	$8 \cdot 8 + 4 =$
13	$10 \cdot 8 - 3 =$
14	$4 \cdot 9 + 1 =$
15	$5 \cdot 9 =$
16	$2 \cdot 9 =$
17	$10 \cdot 9 + 1 =$
18	$6 \cdot 8 - 2 =$
19	$4 \cdot 8 =$
20	$7 \cdot 8 + 3 =$
21	$7 \cdot 9 =$
22	$3 \cdot 9 - 1 =$
23	$8 \cdot 9 =$
24	$8 \cdot 8 =$

der 7, 8 und 9

1	$9 \cdot 9 =$
2	$9 \cdot 8 - 1 =$
3	$3 \cdot 7 - 1 =$
4	$7 \cdot 8 + 2 =$
5	$5 \cdot 7 + 2 =$
6	$8 \cdot 9 =$
7	$6 \cdot 7 - 1 =$
8	$3 \cdot 9 =$
9	$8 \cdot 8 + 3 =$
10	$2 \cdot 7 =$
11	$4 \cdot 7 =$
12	$10 \cdot 9 =$
13	$5 \cdot 9 =$
14	$5 \cdot 7 =$
15	$6 \cdot 9 + 1 =$
16	$10 \cdot 7 =$
17	$6 \cdot 9 - 1 =$
18	$4 \cdot 8 =$
19	$6 \cdot 9 =$
20	$8 \cdot 8 - 1 =$
21	$7 \cdot 7 =$
22	$4 \cdot 9 =$
23	$5 \cdot 8 =$
24	$7 \cdot 7 + 1 =$

Wer ist der schnellste Rechner?

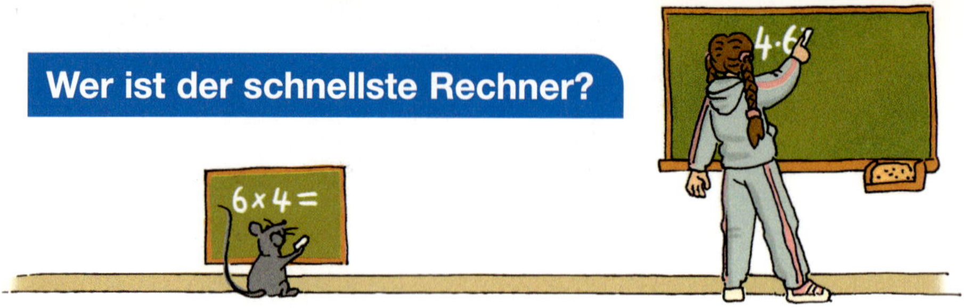

1	8 · 9 + 1 =
2	6 · 10 + 1 =
3	8 · 2 − 6 =
4	7 · 7 + 5 =
5	4 · 5 + 7 =
6	5 · 4 − 2 =
7	8 · 8 + 1 =
8	3 · 10 − 1 =
9	7 · 8 + 1 =
10	10 · 9 + 10 =
11	8 · 3 + 2 =
12	10 · 4 − 2 =
13	8 · 10 + 3 =
14	9 · 8 − 1 =
15	3 · 6 + 3 =
16	3 · 3 − 1 =
17	9 · 10 + 1 =
18	5 · 9 + 1 =
19	3 · 7 + 3 =
20	8 · 4 − 1 =
21	6 · 3 − 3 =
22	9 · 3 − 7 =
23	3 · 5 − 3 =
24	8 · 7 + 8 =

1	6 · 5 − 1 =
2	8 · 8 + 9 =
3	3 · 3 + 7 =
4	6 · 6 + 6 =
5	6 · 4 − 3 =
6	2 · 2 + 10 =
7	10 · 10 − 9 =
8	8 · 9 − 1 =
9	7 · 7 + 2 =
10	9 · 6 + 4 =
11	9 · 9 + 3 =
12	7 · 5 − 3 =
13	8 · 5 + 1 =
14	6 · 10 + 1 =
15	7 · 8 + 7 =
16	4 · 8 − 2 =
17	10 · 3 + 1 =
18	9 · 9 − 5 =
19	5 · 3 + 5 =
20	2 · 7 − 3 =
21	10 · 8 + 1 =
22	9 · 10 + 8 =
23	9 · 2 + 6 =
24	7 · 4 − 6 =

Kreuz und quer durch das 1 x 1

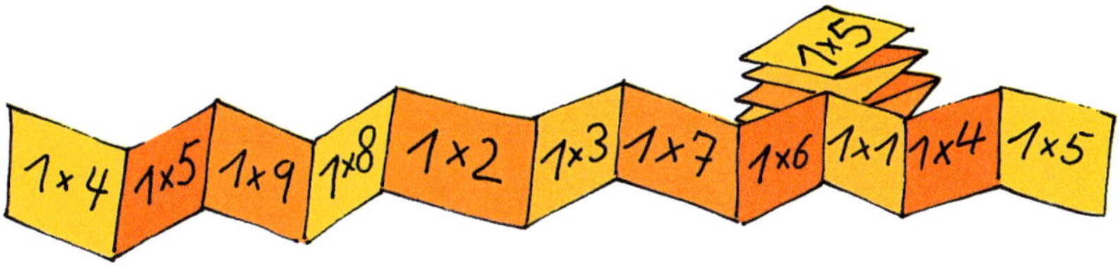

1. $9 \cdot 5 + 10 =$
2. $7 \cdot 5 + 10 =$
3. $6 \cdot 7 + 6 =$
4. $3 \cdot 5 - 3 =$
5. $9 \cdot 9 - 10 =$
6. $7 \cdot 8 - 10 =$
7. $5 \cdot 5 - 10 =$
8. $5 \cdot 9 - 10 =$
9. $8 \cdot 9 - 5 =$
10. $9 \cdot 7 + 5 =$
11. $2 \cdot 7 - 6 =$
12. $6 \cdot 9 + 10 =$
13. $6 \cdot 8 + 5 =$
14. $7 \cdot 4 + 5 =$
15. $9 \cdot 3 - 10 =$
16. $8 \cdot 8 + 10 =$
17. $7 \cdot 7 + 2 =$
18. $4 \cdot 7 + 10 =$
19. $6 \cdot 3 + 10 =$
20. $4 \cdot 8 - 7 =$
21. $3 \cdot 9 + 10 =$
22. $6 \cdot 4 + 10 =$
23. $9 \cdot 9 - 3 =$
24. $8 \cdot 7 + 10 =$

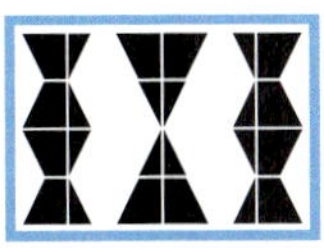

1. $5 \cdot 9 - 6 =$
2. $8 \cdot 7 + 5 =$
3. $3 \cdot 8 - 6 =$
4. $3 \cdot 7 - 5 =$
5. $7 \cdot 7 + 4 =$
6. $9 \cdot 5 - 7 =$
7. $6 \cdot 9 - 5 =$
8. $7 \cdot 8 - 5 =$
9. $8 \cdot 9 - 7 =$
10. $6 \cdot 8 + 6 =$
11. $8 \cdot 6 + 4 =$
12. $9 \cdot 9 - 7 =$
13. $3 \cdot 6 + 3 =$
14. $7 \cdot 5 + 8 =$
15. $2 \cdot 9 + 5 =$
16. $9 \cdot 6 - 8 =$
17. $7 \cdot 9 - 8 =$
18. $9 \cdot 2 + 6 =$
19. $3 \cdot 9 + 5 =$
20. $8 \cdot 8 - 7 =$
21. $9 \cdot 7 - 4 =$
22. $6 \cdot 6 + 8 =$
23. $5 \cdot 8 - 6 =$
24. $6 \cdot 7 - 6 =$

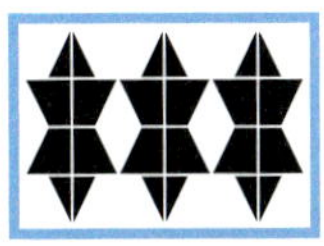

Wer kann's?

1. $100 - 6 \cdot 7 =$
2. $100 - 8 \cdot 8 =$
3. $30 - 3 \cdot 7 =$
4. $70 - 7 \cdot 5 =$
5. $50 - 4 \cdot 6 =$
6. $100 - 9 \cdot 5 =$
7. $90 - 6 \cdot 6 =$
8. $100 - 8 \cdot 9 =$
9. $60 - 7 \cdot 4 =$
10. $100 - 7 \cdot 7 =$
11. $80 - 3 \cdot 9 =$
12. $70 - 5 \cdot 9 =$
13. $100 - 5 \cdot 6 =$
14. $100 - 2 \cdot 2 =$
15. $100 - 2 \cdot 4 =$
16. $50 - 9 \cdot 3 =$
17. $100 - 2 \cdot 5 =$
18. $70 - 5 \cdot 5 =$
19. $100 - 3 \cdot 5 =$
20. $100 - 4 \cdot 9 =$
21. $100 - 7 \cdot 2 =$
22. $40 - 7 \cdot 3 =$
23. $50 - 3 \cdot 3 =$
24. $30 - 5 \cdot 3 =$

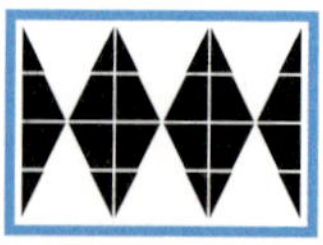

1. $100 - 4 \cdot 5 =$
2. $90 - 9 \cdot 5 =$
3. $50 - 5 \cdot 3 =$
4. $100 - 7 \cdot 3 =$
5. $90 - 9 \cdot 4 =$
6. $100 - 6 \cdot 9 =$
7. $50 - 7 \cdot 5 =$
8. $50 - 8 \cdot 3 =$
9. $100 - 4 \cdot 4 =$
10. $50 - 5 \cdot 9 =$
11. $70 - 3 \cdot 7 =$
12. $100 - 3 \cdot 4 =$
13. $100 - 10 \cdot 8 =$
14. $90 - 9 \cdot 9 =$
15. $100 - 4 \cdot 7 =$
16. $70 - 3 \cdot 9 =$
17. $100 - 5 \cdot 5 =$
18. $80 - 3 \cdot 3 =$
19. $100 - 9 \cdot 8 =$
20. $100 - 2 \cdot 7 =$
21. $60 - 6 \cdot 3 =$
22. $100 - 7 \cdot 6 =$
23. $100 - 9 \cdot 7 =$
24. $100 - 5 \cdot 7 =$

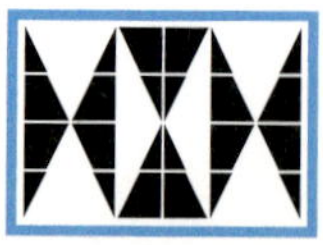

Für sichere Rechner

1. $10 \cdot 10 - 4 \cdot 5 =$
2. $3 \cdot 4 + 2 \cdot 5 =$
3. $4 \cdot 4 + 3 \cdot 5 =$
4. $7 \cdot 6 - 3 \cdot 7 =$
5. $8 \cdot 6 - 6 \cdot 7 =$
6. $2 \cdot 10 + 7 \cdot 9 =$
7. $8 \cdot 3 + 2 \cdot 8 =$
8. $5 \cdot 10 + 6 \cdot 8 =$
9. $10 \cdot 6 + 3 \cdot 8 =$
10. $9 \cdot 9 - 10 \cdot 8 =$
11. $7 \cdot 9 - 6 \cdot 4 =$
12. $5 \cdot 5 + 2 \cdot 2 =$
13. $7 \cdot 8 + 4 \cdot 3 =$
14. $8 \cdot 9 - 7 \cdot 2 =$
15. $3 \cdot 6 + 6 \cdot 5 =$
16. $5 \cdot 9 - 2 \cdot 6 =$
17. $8 \cdot 8 + 4 \cdot 9 =$
18. $3 \cdot 9 - 4 \cdot 2 =$
19. $4 \cdot 8 - 5 \cdot 3 =$
20. $9 \cdot 8 + 2 \cdot 7 =$
21. $2 \cdot 3 + 6 \cdot 2 =$
22. $7 \cdot 8 - 3 \cdot 3 =$
23. $7 \cdot 3 + 5 \cdot 6 =$
24. $5 \cdot 8 - 9 \cdot 3 =$

1. $10 \cdot 6 - 5 \cdot 8 =$
2. $6 \cdot 8 - 4 \cdot 6 =$
3. $7 \cdot 6 + 4 \cdot 10 =$
4. $7 \cdot 10 + 3 \cdot 7 =$
5. $9 \cdot 4 + 5 \cdot 3 =$
6. $7 \cdot 9 + 2 \cdot 4 =$
7. $8 \cdot 6 - 6 \cdot 5 =$
8. $6 \cdot 9 + 4 \cdot 2 =$
9. $5 \cdot 5 - 4 \cdot 4 =$
10. $7 \cdot 7 - 5 \cdot 9 =$
11. $3 \cdot 5 + 10 \cdot 7 =$
12. $9 \cdot 6 + 7 \cdot 5 =$
13. $9 \cdot 2 - 2 \cdot 5 =$
14. $9 \cdot 9 - 7 \cdot 3 =$
15. $7 \cdot 8 - 5 \cdot 7 =$
16. $9 \cdot 7 - 8 \cdot 7 =$
17. $9 \cdot 8 + 2 \cdot 3 =$
18. $8 \cdot 8 + 5 \cdot 6 =$
19. $10 \cdot 5 + 3 \cdot 9 =$
20. $5 \cdot 2 + 8 \cdot 5 =$
21. $5 \cdot 9 - 3 \cdot 10 =$
22. $5 \cdot 10 + 3 \cdot 3 =$
23. $9 \cdot 5 - 5 \cdot 4 =$
24. $4 \cdot 5 - 2 \cdot 2 =$

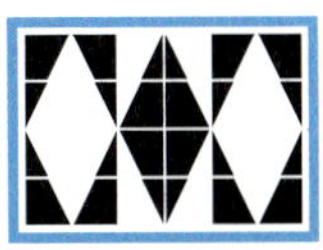

Hier haben die Mäuse am Rechenheft geknabbert

Franz findet heraus, welche Zahlen fehlen.

Schaffst du das auch?

1. $4 \cdot 5 + \underline{\quad} = 40$
2. $8 \cdot 5 + \underline{\quad} = 100$
3. $5 \cdot 3 + 2 \cdot 4 = \underline{\quad}$
4. $63 = 7 \cdot \underline{\quad}$
5. $9 \cdot \underline{\quad} = 36$
6. $\underline{\quad} \cdot 7 = 49$
7. $\underline{\quad} \cdot 8 = 48$
8. $10 \cdot 5 - 6 \cdot 6 = \underline{\quad}$
9. $70 = \underline{\quad} \cdot 7$
10. $7 \cdot 9 + \underline{\quad} = 80$
11. $8 \cdot \underline{\quad} = 24$
12. $7 \cdot 7 + \underline{\quad} = 50$
13. $\underline{\quad} \cdot 7 = 56$
14. $\underline{\quad} + 2 \cdot 2 = 100$
15. $5 \cdot 6 = 100 - \underline{\quad}$
16. $6 \cdot 6 + 3 \cdot 3 = \underline{\quad}$
17. $\underline{\quad} - 9 \cdot 5 = 45$
18. $5 \cdot 7 = \underline{\quad}$
19. $3 \cdot 9 + 10 = \underline{\quad}$
20. $18 = 9 \cdot \underline{\quad}$
21. $10 \cdot 6 + \underline{\quad} = 100$
22. $9 \cdot 9 + 10 = \underline{\quad}$
23. $3 \cdot 5 = \underline{\quad}$
24. $\underline{\quad} \cdot 6 = 30$

Und hier fraß diese dicke Maus besonders dicke Stücke raus.

Welche Zahlen fehlen?

1. 56 = ___ · **8**
2. **2** · ___ = 18
3. ___ – **5** · **2** = 50
4. ___ + **8** · **10** = 100
5. **5** · **7** + ___ = 100
6. **9** · ___ = 90
7. **9** · ___ = 27
8. **9** · **9** – ___ = 80
9. **7** · **5** – **3** · **4** = ___
10. 54 = **9** · ___
11. **8** · **7** + **2** · **3** = ___
12. ___ · **8** = 32
13. 100 – **9** · **9** = ___
14. 30 – **3** · **3** = ___
15. **6** · **6** – **5** · **5** = ___
16. **9** · ___ = 72
17. **5** · **6** – ___ = 15
18. **7** · **8** + **8** · **2** = ___
19. ___ + **5** · **8** = 80
20. **4** · **7** – **3** · **5** = ___
21. 35 = 7 · ___
22. **6** · **5** = 100 – ___
23. 14 = **7** · ___
24. **2** · **5** + ___ = 100

Kunterbunt

1. $2 \cdot 2 \cdot 7 =$
2. $3 \cdot 2 \cdot 6 =$
3. $3 \cdot 3 \cdot 7 =$
4. $100 - 7 \cdot 7 =$
5. $6 \cdot 9 - 2 \cdot 8 =$
6. $100 - 5 \cdot 9 =$
7. $10 \cdot 9 - 6 \cdot 10 =$
8. $5 \cdot 2 \cdot 5 =$
9. $5 \cdot 2 \cdot 4 =$
10. $100 - 7 \cdot 5 =$
11. $9 \cdot 9 - 2 \cdot 2 =$
12. $3 \cdot 3 + 4 \cdot 4 =$
13. $4 \cdot 2 \cdot 7 =$
14. $2 \cdot 3 \cdot 8 =$
15. $4 \cdot 10 + 7 \cdot 4 =$
16. $7 \cdot 8 - 9 \cdot 5 =$
17. $2 \cdot 3 \cdot 7 =$
18. $7 \cdot 5 + 3 \cdot 4 =$
19. $100 - 5 \cdot 3 =$
20. $100 - 2 \cdot 3 \cdot 7 =$
21. $10 \cdot 10 - 9 \cdot 6 =$
22. $100 - 9 \cdot 9 =$
23. $6 \cdot 7 + 3 \cdot 5 =$
24. $3 \cdot 3 \cdot 5 =$

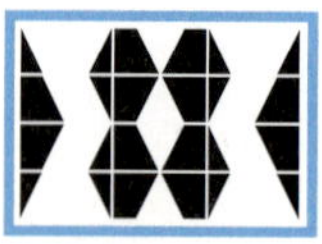

1. $100 - 3 \cdot 3 \cdot 2 =$
2. $5 \cdot 5 + 2 \cdot 6 + 3 \cdot 4 =$
3. $4 \cdot 9 + 2 \cdot 2 + 7 \cdot 2 =$
4. $9 \cdot 9 - 9 \cdot 8 =$
5. $5 \cdot 5 + 5 \cdot 8 =$
6. $100 - 5 \cdot 10 =$
7. $9 \cdot 9 - 5 \cdot 4 =$
8. $7 \cdot 6 - 2 \cdot 7 =$
9. $7 \cdot 7 + 4 \cdot 5 + 2 \cdot 4 =$
10. $100 - 2 \cdot 2 - 5 \cdot 6 =$
11. $3 \cdot 3 \cdot 3 =$
12. $6 \cdot 7 + 2 \cdot 10 =$
13. $2 \cdot 5 \cdot 7 =$
14. $3 \cdot 7 + 5 \cdot 2 =$
15. $3 \cdot 4 + 4 \cdot 5 + 9 \cdot 3 =$
16. $8 \cdot 9 - 9 \cdot 3 =$
17. $8 \cdot 5 - 7 \cdot 3 =$
18. $3 \cdot 3 \cdot 4 =$
19. $100 - 5 \cdot 10 - 10 \cdot 3 =$
20. $2 \cdot 4 \cdot 8 =$
21. $9 \cdot 8 - 5 \cdot 5 =$
22. $4 \cdot 2 \cdot 4 =$
23. $3 \cdot 3 + 6 \cdot 2 + 2 \cdot 9 =$
24. $4 \cdot 2 \cdot 6 =$

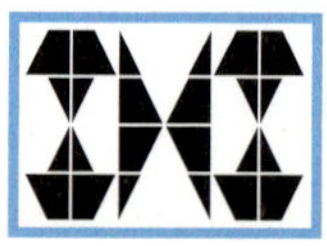

Lies – überlege und rechne!

1. Hans ist 7 Jahre alt. Sein Vater ist fünfmal so alt. Wie alt ist der Vater?
2. 14 Strümpfe sind wie viel Paar?
3. Wie viele Kinder sitzen an 8 Zweiertischen?
4. Außer am Sonntag holt Franz jeden Morgen 6 Brötchen. Wie viele Brötchen sind das in jeder Woche?
5. 21 Tage sind wie viele Wochen?
6. Franz lag 56 Tage im Krankenhaus. Wie viele Wochen waren das?
7. 5 Fünfeuroscheine sind wie viel Euro?
8. Mutter hat für 6 Handtücher 30 Euro bezahlt. Wie viel Euro kostet ein Handtuch?
9. Vater legt 5 Reihen Gehwegplatten. In jede Reihe legt er 3 Stück. Wie viele Platten braucht er?
10. Der Landwirt verpackt 24 Eier in Schachteln zu 6 Stück. Wie viele Schachteln werden es?
11. Drei Kinder dürfen sich 18 Äpfel teilen. Wie viele Äpfel bekommt jedes?
12. Mutter verteilt 18 Bonbons an 9 Kinder. Wie viele Bonbons bekommt jedes?
13. Hans war 3 Wochen und 2 Tage verreist. Wie viele Tage war er fort?
14. Franz hat drei Fünfeuroscheine und zwei Zweieurostücke gespart. Wie viel Euro sind das insgesamt?
15. Der Tischler will 7 dreibeinige Blumenhocker anfertigen. Wie viele Beine schneidet er zu?
16. Eine Spinne hat 8 Beine. Wie viele Beine haben 6 Spinnen?
17. Von 100 Euro hat Vater dreimal 5 Euro ausgegeben. Wie viel Euro hat er noch?
18. Ein Großhändler füllte 10 Netze mit je 7 Apfelsinen. Wie viele Apfelsinen hat er abgepackt?
19. 2 Wochen sind wie viele Tage?
20. Hans hat 7 Fünfeuroscheine. Davon gibt er 18 Euro aus. Wie viel Euro behält er?
21. Der Gärtner schneidet 45 Tulpen und bindet je 5 zu einem Strauß. Wle viele Sträuße werden es?
22. Die Blumenbinderin will 4 Sträuße mit je 5 Rosen binden. Wie viele Rosen schneidet sie?
23. 9 Hasen haben wie viele „Löffel“?
24. 40 Kinder stellen sich in Reihen zu vieren auf. Wie viele Reihen werden es?

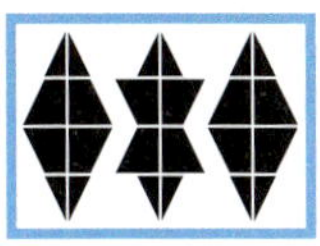

Ich denke mir eine Zahl – Weißt du, wie sie heißt?

1 Meine Zahl ist doppelt so groß wie 7.

2 Wenn du $3 \cdot 3$ von $5 \cdot 5$ wegnimmst, so bleibt meine Zahl übrig.

3 Wenn du meine Zahl mit 9 malnimmst, bekommst du 63.

4 Meine Zahl ist dreimal so groß wie die Hälfte von 10.

5 Meine Zahl ist um 3 kleiner als $3 \cdot 3$.

6 Meine Zahl ist so groß wie der Unterschied zwischen $8 \cdot 8$ und $9 \cdot 9$.

7 Wenn du meine Zahl zweimal von 12 wegnimmst, so bleiben 4 übrig.

8 Wenn du $7 \cdot 7$ von meiner Zahl wegnimmst, so bleibt nur 1 übrig.

9 Meine Zahl ist zehnmal so groß wie $2 \cdot 3$.

10 Wenn du $3 \cdot 3 \cdot 3$ zu meiner Zahl hinzuzählst, sind es genau 100.

11 Meine Zahl ist dreimal so groß wie $3 \cdot 3$.

12 Wenn du $2 \cdot 2$ von $3 \cdot 3$ wegnimmst, so bleibt meine Zahl übrig.

13 Meine Zahl ist um 4 größer als $4 \cdot 4$.

14 Wenn du $4 \cdot 4$ von meiner Zahl abziehst, bleiben 6 übrig.

15 Wenn du $6 \cdot 6$ zu meiner Zahl hinzuzählst, so werden es 60.

16 Meine Zahl ist halb so groß wie $7 \cdot 6$.

17 Wenn du meine Zahl neunmal von 100 wegnimmst, so bleiben 10 übrig.

18 Ziehe $9 \cdot 9$ von $10 \cdot 10$ ab, wenn du wissen willst, wie meine Zahl heißt!

19 Meine Zahl ist fünfmal so groß wie 7.

20 Wenn du meine Zahl mit sich selbst malnimmst, so bekommst du 64.

21 Meine Zahl ist doppelt so groß wie $3 \cdot 3$.

22 Wenn du von meiner Zahl $2 \cdot 2$ wegnimmst und dann 5 hinzuzählst, so bekommst du 24 heraus.

23 Du bekommst meine Zahl heraus, wenn du $4 \cdot 4$ von $5 \cdot 5$ wegnimmst.

24 Wenn du $6 \cdot 6$ und $5 \cdot 5$ zusammenzählst, so bekommst du meine Zahl.